FORSCHUNGSBERICHT DES LANDES NORDRHEIN-WESTFALEN

Nr. 3063 / Fachgruppe Elektrotechnik/Optik

Herausgegeben vom Minister für Wissenschaft und Forschung

Prof. Dr.-Ing. Joachim Herbertz
Dipl.-Phys. Konrad Grünter
Fachgebiet Elektroakustik und Ultraschalltechnik
Universität - Gesamthochschule - Duisburg

Untersuchungen über die Möglichkeit,
die Frequenz von Ultraschallpfeifen
elektronisch zu steuern

Springer Fachmedien Wiesbaden GmbH 1981

CIP-Kurztitelaufnahme der Deutschen Bibliothek

Herbertz, Joachim:
Untersuchungen über die Möglichkeit, die Frequenz von Ultraschallpfeifen elektronisch zu steuern / Joachim Herbertz ; Konrad Grünter. - Opladen : Westdeutscher Verlag, 1981.

  (Forschungsberichte des Landes Nordrhein-Westfalen ; Nr. 3063 : Fachgruppe Elektrotechnik, Optik)
ISBN 978-3-531-03063-0   ISBN 978-3-322-87686-7 (eBook)
DOI 10.1007/978-3-322-87686-7
NE: Grünter, Konrad:; Nordrhein-Westfalen: Forschungsberichte des Landes ...

© 1981 by Springer Fachmedien Wiesbaden
Ursprünglich erschienen bei Westdeutscher Verlag GmbH, Opladen 1981

Lengericher Handelsdruckerei, 454 Lengerich

Inhalt

1.	Einleitung und Problemstellung	1
2.	Ultraschallpfeifen mit Hohlraumresonator	3
3.	Versuchs- und Meßstand	5
4.	Messungen an Ultraschallpfeifen	7
5.	Untersuchungen zur direkten Frequenzsteuerung	10
5.1	Ultraschallerregung der Druckluft	10
5.2	Ultraschallerregung des Jet	10
6.	Die indirekte Frequenzsteuerung	14
6.1	Das Konzept	14
6.2	Aufbau einer Ultraschallpfeife mit elektrisch steuerbarer Resonatortiefe	14
6.3	Die Regelung der Pfeifenfrequenz	15
6.4	Theorie der Frequenzmodulation	18
6.5	Ergebnisse	21
7.	Zusammenfassung	22
8.	Literatur	24
9.	Bildanhang	26

1. Einleitung und Problemstellung

Die zur Verfügung stehenden Luftschallsender kann man in zwei Gruppen einteilen, wenn man als Unterscheidungskriterium die maximale Ausgangsleistung als Funktion der Frequenz ansieht. Zur ersten Gruppe gehören die breitbandigen, leistungsschwachen Schallerzeuger wie elektrostatische (Sellwandler) oder elektrodynamische (Lautsprecher mit Schwingspulen) Systeme. Sie werden vorzugsweise zur verzerrungsarmen Wiedergabe von Schallfrequenzen im Hörbereich eingesetzt. Im Ultraschallbereich dienen sie als Signalquelle für solche Meßverfahren, bei denen auf hohe Sendeschallpegel verzichtet werden kann. Zur zweiten Gruppe gehören die leistungsstarken, schmalbandigen Schallsender wie Festkörperresonatoren mit piezoelektrischer, elektrodynamischer oder magnetostriktiver Anregung, Sirenen und Schallpfeifen. Sie können in 1 m Abstand Schalldruckpegel von mehr als 120 dB (re $2 \cdot 10^{-4}$ µbar) erzeugen. Da diese Werte im hörbaren Frequenzbereich die Schmerzgrenze überschreiten, liegen schon aus diesem Grunde die meisten Anwendungen im Ultraschallbereich. Als Beispiel seien akustisches Trocknen [1] und Entschäumen [2] genannt.

Weitere interessante Anwendungsmöglichkeiten in der Signal- und Meßtechnik würden sich für einen Luftultraschallsender ergeben, der die Eigenschaften leistungsstark und breitbandig auf sich vereinigen könnte. Der hohe Schallpegel würde es erlauben, Ultraschallortungsverfahren auf größere Distanzen auszudehnen oder mit erhöhtem Signal-Störabstand diese Ortungsverfahren störunanfälliger zu halten. Aufgrund der Breitbandigkeit könnte das Sendesignal durch eines der bekannten Modulationsverfahren, z.B. Frequenzmodulation, Phasenmodulation, Pulsmodulation oder Pulscodemodulation, erzeugt werden. Auch für Impuls-Echo-Verfahren bedarf es breitbandiger Sendesignale, da das Auflösungsvermögen eines Ortungssystems mit abnehmender Impulslänge steigt, die minimale Impulslänge aber umgekehrt proportional zur Bandbreite des Sendersignals ist.

Als mögliche Anwendungsbeispiele können die Abstandsmessung unter Tage, die Beschickungskontrolle im Hochofen oder die Abstands- und Geschwindigkeitsmessung bei Kraftfahrzeugen (Verkehrs-Sonar) gelten.

In der vorliegenden Arbeit wird die Möglichkeit untersucht, die Frequenz von Ultraschallpfeifen elektronisch zu steuern. Ziel der Untersuchung ist die Entwicklung eines Ultraschallsenders, der als Signalquelle für Aufgaben der Ortungs- und Meßtechnik in Luft und Gasen geeignet ist, die bis heute nicht zufriedenstellend gelöst werden können. Ultraschallpfeifen kommen hierfür in Betracht, weil sie hohe Ausgangsleistungen bei gutem Wirkungsgrad liefern [3], in ihrem mechanischen Aufbau robust sind und keine beweglichen und somit störanfälligen Teile besitzen.

2. Ultraschallpfeifen mit Hohlraumresonator

Um die generellen Ansatzpunkte für eine Frequenzsteuerung von Ultraschallpfeifen mit Hohlraumresonator aufzuzeigen, werden im folgenden die bekannten Grundtypen diskutiert.

Bei der GALTON-Pfeife (Abb. 1) strömt das Gas durch einen Ringspalt hindurch gegen eine ringförmige Schneide. [4] Dabei treten periodische Wirbelbildungen an der Schneide auf, die den Resonator der Pfeife zum Mitschwingen anregen, wenn der Abstand Ringspalt-Schneide geeignet gewählt ist. Die Frequenz f des erzeugten Pfeifentones ergibt sich nach [5]

$$f = \frac{c}{4(l+k)} \qquad (1)$$

Hierin bedeuten c die Schallgeschwindigkeit des Gases, l die Tiefe des Hohlraumresonators und k eine vom Anblasdruck abhängige Konstante.

Beim HARTMANN-Generator (Abb. 2) tritt der Luftstrom mit Überschallgeschwindigkeit aus einer Düse aus. Dadurch bilden sich Bereiche mit instabilen Druckverhältnissen, in denen ein Resonator in seiner Eigenfrequenz zu Schwingungen angeregt wird. Hierbei handelt es sich um eine Kippschwingung, bei der abwechselnd Luft in den Hohlraumresonator ein- und ausströmt. Die erzeugte Frequenz ist eine Funktion der Resonatorabmessungen (Durchmesser d und Tiefe l) und der Düsengeometrie. Wenn speziell der Düsendurchmesser gleich dem Durchmesser der Resonatorkammer ist, bestimmt sich die Frequenz f nach [6] zu

$$f = \frac{c}{4(l+0,3d)} \qquad (2)$$

Eine Weiterentwicklung ist der Stem-Jet-Generator (Abb. 3).
Er zeichnet sich durch einen hohen Wirkungsgrad und geringe
Störanfälligkeit aus. Auch bei Strömungsgeschwindigkeiten
unterhalb der Schallgeschwindigkeit c erzeugt er sehr hohe
Schalldruckpegel. Diese Eigenschaften werden durch einen
konzentrisch zur Düse angeordneten Stabilisator, dem Stem,
erreicht, von dem die radialsymmetrische Gasströmung geführt
wird. Unter bestimmten Einschränkungen ergibt sich die Frequenz dieser Ultraschallpfeife nach [3] zu

$$f = \frac{c}{4[1+0,4a+(d_r-d_s)\cdot(2-1/d_n)/5]} \qquad (3)$$

wenn l die Resonatortiefe, a den Abstand Düse-Resonator,
d_r den Resonatordurchmesser, d_s den Stemdurchmesser und d_n
den Düsendurchmesser bezeichnen.

Für die verschiedenen Ultraschallpfeifen mit Hohlraumresonatoren läßt sich gemeinsam feststellen, daß die Schallerzeugung verursacht wird durch periodische Strömungsinstabilitäten. Frequenzbestimmend sind zum einen die geometrischen Abmessungen der Düse und des Resonators, zum anderen die spezifischen Eigenschaften des Gases, wie Kompressibilität und
Dichte. Dies sind also die generellen Ansatzpunkte, um die
Frequenz zu beeinflussen.

3. Versuchs- und Meßstand

Für die Durchführung der Untersuchungen wurde ein Meßplatz erstellt, auf dem genaue Messungen der pneumatischen und akustischen Kenngrößen einer im Betrieb befindlichen Ultraschallpfeife durchgeführt werden konnten. Eine schematische Darstellung ist in Abb. 4 zu sehen.

Für die Druckluftversorgung stand ein Druckbehälter mit einem Inhalt von 1000 l und mit einem Höchstbetriebsdruck von 11 bar zur Verfügung. Am Druckregelventil (2) konnte bis zu dieser Grenze jeder gewünschte Betriebsdruck P genau eingestellt werden. Seine Größe wurde von einem Feinmeß-Manometer (3) der Klasse 0.6 angezeigt.

Für die genaue Messung des Durchflusses von Gasen unabhängig von ihrem Druck gibt es kein unproblematisches Meßverfahren. Von den zur Verfügung stehenden Möglichkeiten wählten wir das Durchflußmeßrohr mit Schwebekörper wegen seiner weitgehenden Unempfindlichkeit gegen verschiedene Störgrößen, wie Strömungsturbulenz, Temperaturschwankungen und Verschmutzungen, und wegen seiner Langzeitstabilität. Da ein Durchflußmeßrohr vom Hersteller nur für einen Druckwert geeicht ist, wurde mit einer Meßanordnung nach Abb. 5 die Kalibrierung des Meßrohres 4a für den interessierenden Druckbereich zwischen 1 und 6 bar durchgeführt. Dabei wurde das Druckregelventil 2b für jeden vom Manometer 3a angezeigten Druck so eingestellt, daß das Manometer 2b konstant den Druck anzeigte, für den der Durchflußmesser 4b kalibriert war. So konnte für den Durchflußmesser 4a eine Eichkurvenschar aufgenommen werden, aus der sich der wahre Durchsatz als Funktion des Druckes und der jeweiligen Anzeige des Meßrohres entnehmen ließ. Abb. 6 zeigt als Beispiel die so gemessene Eichkurvenschar für ein Durchflußmeßrohr, aus der durch Interpolation die Durchsatzwerte bestimmt wurden.

Die zum Betrieb der Ultraschallpfeife aufgewandte pneumatische Leistung ergibt sich aus dem Produkt von Druck und Luftdurchsatz.

Die akustischen Messungen wurden mit einem kalibrierten 1/4"-Kondensatormikrofon (6) und einem Pegelmeßplatz (8, 9) durchgeführt. Die Analyse der Signale erfolgte mit dem Oszilloskop (10), Frequenzzähler (11) und Spektrumanalysator (12). Mit einem x-y Schreiber konnten die Meßergebnisse aufgezeichnet werden. Ultraschallpfeife und Mikrofon befanden sich in einem schallabsorbierenden Meßraum (7), so daß die Messungen durch stehende Wellen nicht gestört wurden. Zur Bestimmung der akustischen Leistung wurden die Schallpegel auf einer Hüllfläche abgetastet. Die zugehörigen Intensitäten wurden über diese Fläche integriert.

Der pneumatisch-akustische Wirkungsgrad der Ultraschallpfeifen ergibt sich aus dem Quotienten von akustischer und pneumatischer Leistung; er konnte mit dem oben beschriebenen Meßstand mit einer relativer Genauigkeit von ca. 10 % ermittelt werden.

4. Messungen an Ultraschallpfeifen

Um Entwurfsdaten für eine elektronische Frequenzsteuerung von Schallpfeifen zu gewinnen, wurden Stem-Jet-Generatoren unter Beachtung der aus der Literatur [3] zugänglichen Konstruktionskriterien untersucht. Die wesentlichen geometrischen Parameter der von uns optimierten Auslegung haben folgende Werte:

Stemdurchmesser d_s	2,0 mm
Resonatortiefe l	2,4 mm
Abstand Düse-Resonator a	2,4 mm
Resonatordurchmesser d_r	4,0 mm
Düsendurchmesser d_n	2,7 mm

Obwohl für uns eine Abhängigkeit der Leistungsdaten vom verwendeten Werkstoff nicht sichtbar war, wurde der Generator aus Edelstahl X12CrMoS17 gefertigt, um Korrosionseinflüsse auszuschließen. Zur Verminderung von Strömungsturbulenzen, die den Wirkungsgrad beeinträchtigen und zur Verbesserung der mechanischen Stabilität des Stems wurden Stem und Resonator durch eine mit 6 Strömungskanälen versehene Trommel gehalten und in der konischen Düse zentriert. Jeder Strömungskanal hat 2 mm Durchmesser. Abb. 7 zeigt einen maßstäblichen Querschnitt durch diesen Generator.

Die Pfeife wurde gegen normalen Atmosphärendruck mit Luft betrieben. Für ihren Arbeitsbereich, der zwischen 2,8 und 4 bar Überdruck - im folgenden als Wirkdruck bezeichnet - liegt, wurde das Betriebsverhalten untersucht.

In Abb. 8 sind die akustischen Leistung W, die Frequenz f und der akustisch-pneumatische Wirkungsgrad η als Funktion des Wirkdruckes P aufgetragen. Aus dem Diagramm ist zu ersehen, daß ein optimaler Arbeitspunkt bei 3,1 bar gegeben ist.

In diesem Punkt beträgt in 10 cm Abstand vom Resonator der unbewertete, effektive Schalldruckpegel 149 dB re $2 \cdot 10^{-10}$ bar bei einer Frequenz von 22,7 kHz und einem Wirkdruck von 3,1 bar. Dort erzeugt die Schallpfeife eine Leistung von 60 Watt bei einem Wirkungsgrad von 45 %. Die Frequenz nimmt zwischen 2,9 und 3,2 bar geringfügig ab und steigt dann linear mit einer Steigung von 1,5 kHz/bar.

Abb. 9 zeigt das Frequenzspektrum dieses Stem-Jet-Generators bei einem Betriebsdruck von 3,1 bar. Es wurde mit 10 Hz Filterbandbreite und mit einer Abtastgeschwindigkeit von 10 Hz/s analysiert und gedämpft aufgezeichnet. Diese Form des Spektrums ist als typisch anzusehen, da auch bei anderen Arbeitspunkten keine signifikanten Abweichungen beobachtet wurden. Vergleicht man es mit dem in Abb. 10 gezeigten Spektrum eines monofrequent betriebenen, elektrodynamischen Hochton-Lautsprechers (hier Typ DKT 11/C110/8 von Isophon), das unter den selben Bedingungen aufgenommen wurde, so ist die unterschiedliche Mindestbandbreite der Signale bemerkenswert. Bei einer Mittenfrequenz von 23 kHz und einem Abfall der Schalldruckamplitude um 20 dB beträgt die Bandbreite B_{20dB} beim Stem-Jet-Generator 300 Hz, die des Lautsprechersignals weniger als 30 Hz. Die unerwartet große Störbandbreite der Ultraschallpfeife - aus der Literatur sind uns hierzu keine Untersuchungen bekannt - ist aus nachrichtentechnischen Gründen unerwünscht. Bei der Anwendung von Pfeifen als Signalquellen wird die Kanalkapazität nämlich proportional zur Störbandbreite vermindert. Da der Stem-Jet-Generator eine Weiterentwicklung des HARTMANN-Generators darstellt, wurde als Alternative die GALTON-Pfeife untersucht.

Messungen an einer GALTON-Pfeife aus industrieller Produktion ergaben erwartungsgemäß für diesen Generatortyp eine niedrigere akustische Leistung (W < 1 Watt) bei einem Wirkungsgrad η unter 1 %. Typisch ist die starke Druckabhängigkeit der erzeugten Frequenz im unteren Wirkdruckbereich

(P < 0,5 bar); dort beträgt die Änderung $\Delta f/\Delta P$ circa 12 kHz/bar. Im Druckbereich P > 1 bar ist $\Delta f/\Delta P$ circa 1,5 kHz/bar. Von Interesse ist noch das Frequenzspektrum der GALTON-Pfeife, das in Abb. 11 gezeigt ist. Der Wirkdruck beträgt 1,2 bar, die Frequenz 23 kHz und der - in 10 cm Abstand senkrecht zur Pfeifenachse gemessene - Schallpegel 123 dB. Im Unterschied zum Spektrum des Stem-Jet-Generators weist das Pfeifensignal eine höhere spektrale Reinheit auf. Die Störbandbreite B_{20dB} beträgt ca. 100 Hz, unabhängig von der Frequenz der Pfeife. Bezieht man die Störbandbreite auf den stabilen Betriebsfrequenzbereich, so ergibt sich für die GALTON-Pfeife im Vergleich zum Stem-Jet-Generator kein entscheidender Vorteil bezüglich der zu erwartenden Kanalkapazität.

Dagegen weisen Stem-Jet-Generatoren sehr viel größere Wirkungsgrade auf, so daß die folgenden Untersuchungen auf diese Generatoren konzentriert sind.

5. Untersuchungen zur direkten Frequenzsteuerung

5.1 Ultraschallerregung der Druckluft

Um zu einer direkten Frequenzsteuerung einer Ultraschallpfeife zu gelangen, versuchten wir zunächst, die Strömungsinstabilitäten des Jet durch periodische Schwankungen der Druckluft zu beeinflussen und dadurch die Kippschwingungen zu synchronisieren. Hierzu untersuchten wir einen Stem-Jet-Generator, dessen Auslegungsparameter mit denen des in Abschnitt 4 beschriebenen Stem-Jet-Generators identisch waren. Unterschiedlich war der innere Aufbau. Um das Innere der Pfeife für akustische Wellen möglichst durchlässig zu gestalten, wurde der Stem statt mit Hilfe einer Trommel durch 3 Stahlstifte positioniert. Wie Abb. 12 im Vergleich zu Abb. 8 zeigt, führt die konstruktive Änderung zu einem geringeren Wirkungsgrad beziehungsweise zu einer niedrigeren akustischen Ausgangsleistung. Im Vergleich der Spektren beider Generatoren ergaben sich keinerlei Unterschiede.

In dem Experiment zur Ultraschallerregung der Druckluft strahlten wir mit einem elektrodynamischen Lautsprecher Steuersignale von der Druckseite her in die Pfeife ein. Dieser Versuch blieb erfolglos. Die vom Lautsprecher abgestrahlte Leistung reichte nicht aus, eine Synchronisierung der Pfeifenfrequenz hervorzurufen.

5.2 Ultraschallanregung des Jet

Den folgenden Untersuchungen lag die Überlegung zugrunde, die Pfeifenfrequenz durch Modulation der Düsenöffnung direkt zu synchronisieren. Für diesen Zweck benutzten wir Piezokeramiken, die von einem Leistungsverstärker mit der Sollfrequenz erregt wurden.

Da die Steuerung der Düsenspaltweite beim Stem-Jet-Generator aus elektrischen und räumlichen Gründen nur in der Weise erfolgen konnte, daß das piezokeramische Element als im Radialmod betriebener Bestandteil des Stems ausgebildet wurde, ergab sich eine für stabilen Betrieb nicht ausreichende Festigkeit des Stems. Deshalb mußten, vom Prinzip des Stem-Jet-Generators ausgehend, neue Pfeifentypen konzipiert und erprobt werden.

Abb. 13 zeigt eine Ultraschallpfeife, bei der Stem und Resonator durch einen äußeren Bügel gehaltert werden. Deshalb kann der Stem im Bereich der Düse kegelförmig mit entsprechend günstiger Strömungscharakteristik ausgebildet sein. Der Öffnungswinkel des Kegels ist so gewählt, daß er mit einem radial polarisierten Rohrschwinger (1 mm Wandstärke) aus Piezokeramik eine Düse bildet, deren Öffnungsweite sich mit dem Feingewinde des Stems genau einstellen läßt. Der äußere Durchmesser der Düse beträgt 10 mm, die Öffnungsweite 0,1 mm. Die weiteren Auslegungsparameter sind:

Resonatortiefe	2 mm
Resonatorweite	1,5 mm
Abstand Düse-Resonator	2 mm
Resonatordurchmesser	12 mm

Bei einem Wirkdruck von 2 bar beträgt der Schalldruckpegel in 10 cm Abstand - in Radialrichtung - vom Resonator 141 dB und die Frequenz 26 kHz. Abb. 14 zeigt das Spektrum in diesem Arbeitspunkt. Es wurde unter denselben Bedingungen wie die bisher gezeigten Spektren aufgenommen. Bemerkenswert ist die relativ große spektrale Reinheit des Signals. Die Störbandbreite B_{20dB} beträgt ca. 60 Hz, unabhängig von der Frequenz der Pfeife, und ist somit deutlich geringer als die der bisher untersuchten Pfeifentypen.

Bis zur Zerstörungsgrenze reichte die Schwingungsamplitude der Piezokeramik nicht aus, eine Synchronisierung der Pfeifenfrequenz zu bewirken.

Zur abschließenden Überprüfung des Konzeptes, die Pfeifenfrequenz durch Modulation der Düsenöffnung direkt zu synchronisieren, wurde eine Ultraschallpfeife mit dem Ziel entwickelt, eine möglichst leistungsfähige Piezokeramik zur Steuerung der Öffnungsweite der Düse einsetzen zu können. Das Ergebnis dieser Entwicklungsarbeiten ist im Schnitt in Abb. 15 dargestellt. Die Pfeife enthält einen axial polarisierten piezokeramischen Ring aus dem Werkstoff PXE 4. Er ist 6 mm dick, sein innerer Durchmesser beträgt 10 mm, sein äußerer 25 mm. Da die metallisierte Oberfläche der Keramik Bestandteil der Düse ist, erfolgt die Modulation des Jet direkt durch die Dickenschwingungen der Keramik. Bedingt durch den geometrischen Aufbau der Pfeife mit radial nach innen gerichteter Luftströmung muß die Öffnungsweite der Düse vergleichsweise eng eingestellt werden. Hierdurch wird eine entsprechend stärkere Modulation der Strömung durch Schwingungen der Piezokeramik ermöglicht. Als Resonator wirkt die radialsymmetrische Ringkammer, die durch die Oberfläche des Schwingerelements und die pilzförmige Zentralschraube gebildet wird. Die Tiefe des Resonators sowie der Abstand Resonator-Düse betragen 2 mm, der Durchmesser der Düse ist 14 mm.

Dieser Typ einer Ultraschallpfeife unterscheidet sich in wesentlichen Punkten von den bisher bekannten Ultraschallpfeifen. Im Gegensatz zu den anderen Pfeifen weist er eine Richtcharakteristik mit einer Hauptkeule in der Pfeifenachse auf.
Bei einem Wirkdruck von 1,9 bar erzeugte dieser Generator auf der Pfeifenachse in 10 cm Abstand einen Schallpegel von 148 dB bei einer Frequenz von 24 kHz. Der Wirkungsgrad in diesem Arbeitspunkt beträgt 9 %. Abb. 16 zeigt das zugehörige Spektrum. Die Störbandbreite B_{20dB} von 120 Hz ist vergleichsweise als günstig zu bezeichnen.

Bei Betrieb an der Grenze der Dauerbelastbarkeit der Piezokeramik, bei einer elektrischen Steuerleistung von ca. 30 W, konnte die Pfeifenfrequenz kurzfristig mit der Frequenz des Steuersignals synchronisiert werden. Dieser Effekt konnte aber nur in engen Fangbereichen beobachtet werden, in anderen Frequenz- und Wirkdruckbereichen war eine Stabilisierung nicht möglich, ehe die Piezokeramik zerstört wurde.

Obwohl durch unsere Versuche das Prinzip der direkten Frequenzsteuerung am Radial-Jet-Generator experimentell verifiziert wurde, scheint eine praktische Anwendung zur Zeit nicht sinnvoll zu sein, weil einerseits eine hohe elektrische Steuerleistung erforderlich ist und andererseits die Dauerwechselfestigkeit der verfügbaren piezoelektrischen Werkstoffe nicht ausreichend ist.

6. Die indirekte Frequenzsteuerung

6.1 Das Konzept

Im Abschnitt 2 wurde dargelegt, daß neben der Schallgeschwindigkeit des Gases die geometrischen Abmessungen der Düse und des Resonators frequenzbestimmend sind. Unter den in Frage kommenden geometrischen Parametern hat die Resonatortiefe den stärksten Einfluß auf die Frequenz. Eine elektronische Regelung der Resonatortiefe eröffnet die Möglichkeit, die mittlere Dauer der Schwingungszyklen in der Pfeife so zu beeinflussen, daß die resultierende Frequenz der Pfeife mit der eines vorgegebenen Steuersignals übereinstimmt. Um diese Möglichkeit einer indirekten Frequenzsteuerung zu realisieren, bedarf es einer Ultraschallpfeife mit elektrisch steuerbarer Resonatortiefe und eines elektronischen Regelkreises.

6.2 Aufbau einer Ultraschallpfeife mit elektrisch steuerbarer Resonatortiefe

Die in Abb. 17 gezeigte Pfeife mit elektrisch steuerbarer Resonatortiefe wurde als Stem-Jet-Generator konzipiert, um die Vorteile dieses Typs - guter Wirkungsgrad, geringe Störanfälligkeit, niedrige Wirkdrucke - zu nutzen. Die Auslegungsparameter haben folgende Werte:

Abstand Düse-Resonator	1,2 mm
Resonatordurchmesser	4,5 mm
Stemdurchmesser	2,7 mm
Düsendurchmesser	3,0 mm

Die Düse (1) des Generators hat eine konische Form. Im Resonator (2) bewegt sich ein Kolben (3), dessen Position die effektive Resonatortiefe bestimmt. Das Spiel des Kolbens in der kreiszylindrischen Resonatorbohrung beträgt 0,1 mm. Der Kolben wird außerdem durch eine Stange (4) geführt, die durch eine Zentralbohrung im Stem verläuft. Der Durchmesser der

Stange beträgt am resonatorseitigen Ende des Stems aus Gründen der Strömungsführung 2,3 mm, im übrigen Bereich aus Gründen eines möglichst massearmen Aufbaus 0,5 mm. Die Stange ist über eine Kalotte mit dem Schwingspulensystem eines elektrodynamischen Lautsprechers (7) verbunden. Dadurch wird eine Auslenkung der Spule in eine Änderung der Resonatortiefe übersetzt. Bei dem Lautsprecher handelt es sich um einen Breitbandlautsprecher vom Typ BPSL 65 der Firma ISOPHON mit einem Nennscheinwiderstand von 4 Ohm. Seine Nennbelastbarkeit beträgt 5 Watt. Um eine Druckentlastung des Schwingspulensystems vom Betriebsdruck des Schallgenerators zu erreichen, befindet sich der Lautsprecher, dessen Kalotte zwecks Druckausgleich gelocht ist, in einem geschlossenen Gehäuse. Aufgrund dieses Aufbaues muß die Druckluft (6) senkrecht zur Pfeifenachse zugeführt werden. Die Schallabstrahlung in Richtung der Pfeifenachse wird mit Hilfe eines konischen Schalltrichters (5) verbessert.

Der Arbeitsbereich dieses Generators liegt zwischen 0,3 und 1,5 bar Wirkdruck. Dabei wird in Abhängigkeit von der Position des Kolbens im Resonatorraum ein Frequenzbereich von 25 bis 35 kHz überstrichen. Abb. 18 zeigt die akustische Leistung W und den akustisch-pneumatischen Wirkungsgrad η bei der Frequenz $f = 31$ kHz als Funktion des Wirkdruckes P. Schon bei einem Wirkdruck von 0,3 bar erreicht die akustische Ausgangsleistung einen Wert von 1 W, bei 1,5 bar beträgt sie 10 W. Abb. 19 zeigt ein typisches Frequenzspektrum bei einem Wirkdruck von 0,4 bar, aus dem sich eine Störbandbreite B_{20dB} von ca. 100 Hz entnehmen läßt.

6.3 Die Regelung der Pfeifenfrequenz

Der Stem-Jet-Generator mit elektrisch steuerbarer Resonatortiefe kann sinnvollerweise Signale nur in der Weise akustisch senden, daß die Nachricht in der Momentanfrequenz der Pfeife enthalten ist. Hier tritt begrenzend die in den Spektren beobachtete Störbandbreite in Erscheinung.

Die Störbandbreite läßt sich modellmäßig durch die Annahme erklären, daß die Zeitdauer zwischen zwei Kippvorgängen in der Pfeife stochastischen Schwankungen unterliegt, so daß die Dauer zweier benachbarter Schwingungen nicht von einander abhängen. Kennzeichnet man die Normalverteilung der auf ihren Mittelwert normierten Schwingungsdauern durch die Streuung σ, so ergibt sich in diesem Modell für die relative Störbandbreite eines gegen seine Kohärenzlänge langen Wellenzuges eine relative Störbandbreite, die proportional zu σ^2 ist.

Aus den an Ultraschallpfeifen beobachteten Werten der Störbandbreite folgt ein σ in der Größenordnung von 1/20, d.h.: die Schwankung der Wellenlänge zweier benachbarter Schwingungen liegt in der Größenordnung von 5 %.

Da kein Verfahren zur Korrektur der Dauer einzelner Schwingungen während ihrer Generierung zur Verfügung steht, kann sich eine Frequenzinformation nur aus dem Mittelwert für viele Schwingungen ergeben. Bezogen auf das im nächsten Abschnitt erläuterte Verfahren der Frequenzmodulation bedeutet dieses, daß die Nachrichtenfrequenz nur klein im Vergleich zur Frequenz der Pfeife sein kann.

Für eine aktive Regelung der Pfeifenfrequenz mit dem Ziel, Nachrichtenfrequenzen möglichst störungsfrei abzustrahlen, wurde der in Abb. 20 gezeigte Regelkreis realisiert.

Das Frequenz-Sollsignal f_{soll} und das Frequenz-Istsignal f_{ist} durchlaufen nach Impulsformung eine Antikoinzidenzschaltung. Die Ausgangsimpulse der Impulsformerstufen können im Sinne einer Proportionalregelung der Frequenz direkt dem Endverstärker zugeführt werden. Die Akkumulation von Phasenfehlern kann aber nur durch einen Phasenregelkreis vermieden werden, der bezüglich der Frequenz ein I-Verhalten zeigt. Im Einzelfall können beide Möglichkeiten zu einem PI-Regelkreis zusammengefaßt werden.

Im Phasenregelkreis werden die Ausgangsimpulse der Antikoinzidenzschaltung den Eingängen eines Aufwärts-Abwärts-Zählers zugeführt. Die Taktsignale des einen Kanals erhöhen den Zählerstand, die des anderen erniedrigen ihn. Der Zählerstand ist ein Maß für den Phasenunterschied der Soll- und der Istfrequenz. Durch Wandlung des Zählerstandes in eine Analogspannung wird vorzeichenrichtig ein zur Phasenabweichung proportionales Signal gebildet. Dieses wirkt über einen Endverstärker auf die elektromechanische Pfeifenabstimmung. Durch die Rückführung des mit einem Mikrofon aufgenommenen und verstärkten Frequenz-Istsignals zur Antikoinzidenzschaltung wird der Regelkreis geschlossen.

Der realisierte Phasenregelkreis weist im Vergleich zu in der Elektronik üblichen Phasenregelkreisen [7,8] einen wichtigen Unterschied auf, der erst seinen Einsatz für die Regelung der Pfeifenfrequenz ermöglicht.

Bei Phasenregelkreisen folgt aus der Breite des erforderlichen Fangbereiches die maximal zulässige Reaktionszeit, mit der sie die Istfrequenz nachregeln können. Bezogen auf Ultraschallpfeifen bedeutet dies, daß wegen der schwankenden Dauer der einzelnen Schwingungszyklen innerhalb der Reaktionszeit Phasenschwankungen > 2 π auftreten können, durch die übliche Phasendetektoren, z.B. ein Abtast-Halte-Glied oder ein Synchrongleichrichter, überfordert werden. Wir konnten dieses Problem in der Weise lösen, daß wir mit der in Abb. 18 gezeigten Antikoinzidenzschaltung und dem von ihr angesteuerten Aufwärts-Abwärts-Zähler einen speziellen Phasendetektor realisierten. Sein Ausgangssignal ist bis zu Phasenunterschieden von ± 8 π diesen Unterschieden proportional und darüber hinaus vorzeichenrichtig und maximal.

Zur Antikoinzidenzschaltung ist anzumerken, daß sie keine zeitabhängigen Speicherelemente wie z.B. Kondensatoren oder Monoflops benötigt. Die Gatterlaufzeit τ_G bestimmt die minimale Dauer der Ausgangsimpulse, nicht aber ihr Auftreten.

Abb. 21 zeigt die Schaltung, die mit negativen Impulsen arbeitet. Das Zeitdiagramm zeigt den Fall der vollständigen Koinzidenz eines längeren Impulses der Dauer τ_1 mit einem kürzeren Impuls der Dauer τ_4. An den Ausgängen der Schaltung erscheinen alle Impulse sequentiell, so daß Digitalzähler mit diesen Impulsen fehlerfrei arbeiten können.

Abb. 22 zeigt den Schaltplan des Logikteils der Phasenregelschleife mit den Stufen Impulsformung, Antikoinzidenzschaltung und Aufwärts-Abwärts-Zähler. Die Schaltung ist so ausgelegt, daß an den Eingängen f_{ist} und f_{soll} Analogsignale oder Digitalsignale anliegen können. Zwecks Funktionskontrolle wird der Zählerstand auf das Minimum, die Mitte und das Maximum hin dekodiert und zur Anzeige gebracht. Der Anschlußplan der Logikschaltung in TTL-Ausführung ist in Abb. 23 wiedergegeben.

Der Schaltplan des Analogteils der Phasenregelschleife mit den Stufen D/A-Wandlung und Endverstärker ist in Abb. 24 gezeigt. Der Operationsverstärker OV1 erzeugt eine dem Zählerstand proportionale Spannung, die dem Operationsverstärker OV2 zugeführt wird. Dieser steuert den Endverstärker, der als Komplementär-Darlington-Schaltung für Gegentakt-AB-Betrieb aufgebaut ist. Die Leistung des Verstärkers beträgt maximal 6 Watt an einem Verbraucher mit 4 Ohm Widerstand, so daß die Schwingspule thermisch nicht überlastet wird.

6.4 Theorie der Frequenzmodulation [9,10]

Im Hinblick auf die Meßergebnisse muß die Frequenzmodulation kurz diskutiert werden.

Eine Schwingung S(t) mit der Trägerfrequenz F_o wird als frequenzmoduliert bezeichnet, wenn sich die Montanfrequenz F proportional zu einem Nachrichtensignal s(t) zeitlich verändert. Von Frequenzmodulation im engeren Sinne spricht man dann, wenn bei der Übertragung eines Bandes von Nachrichtenfrequenzen zwischen 0 und f_o der Proportionalitätsfaktor k von der Nachrichtenfrequenz f unabhängig ist; der Frequenzhub ist das Produkt dieses Proportionalitätsfaktors k mit der Amplitude des Nachrichtensignals s(t).

Frequenzmodulation ergibt sich aus der Änderung der Momentanfrequenz eines Oszillators proportional zum Montanwert der Nachricht. Sie läßt sich auch beschreiben als Verschiebung der Phase eines Trägers um einen Winkel, der dem Zeitintegral des Nachrichtensignals s(t) proportional ist:

$$S(t) = S_o \cos(2\pi F_o t + 2\pi k \int_{-\infty}^{t} s(\tau)d\tau) = S_o \cos \psi(t) \qquad (4)$$

Aus der zeitlichen Ableitung der Argumentfunktion $\psi(t)$ folgt die Momentanfrequenz:

$$F(t) = \frac{1}{2\pi} \frac{d}{dt} \psi(t) = F_o + ks(t) \qquad (5)$$

Enthält das Nachrichtensignal nur eine einzige Nachrichtenfrequenz f,

$$s(t) = s_o \cos(2\pi f t) \qquad (6)$$

so lautet die Argumentfunktion:

$$\psi(t) = 2\pi F_o t + 2\pi k \int_{-\infty}^{t} s_o \cos(2\pi f \tau) d\tau \qquad (7)$$

Da s(t) für $t \to -\infty$ nicht verschwindet, konvergiert das Integral nicht. Der Wert von $\sin(2\pi f \cdot -\infty)$ liegt zwischen -1 und 1. Ohne Beeinträchtigung der Allgemeinheit kann die Bezugszeit so gewählt werden, daß dieser Wert verschwindet.

Dann folgt aus der Integration von Gleichung (7):

$$\psi(t) = 2\pi F_o t + \frac{ks_o}{f} \sin(2\pi ft) \qquad (8)$$

Das Produkt ks_o wird als maximaler Frequenzhub Δf_o bezeichnet, $\Delta f_o/f$ ist der Modulationsindex M. Mit diesen Größen läßt sich Gleichung (4) ausdrücken:

$$S(t) = S_o \cos[2\pi F_o t + M \sin(2\pi ft)]. \qquad (9)$$

Mit Hilfé der Relation

$$\cos[\alpha + x \sin(\beta)] = \sum_{n=-\infty}^{\infty} J_n(x) \cos(\alpha + n\beta) \qquad (10)$$

kann Gleichung (9) umgeschrieben werden, wobei $J_n(x)$ die Bessel-Funktion 1.Art n-ter Ordnung darstellt:

$$S(t) = S_o \sum_{n=-\infty}^{\infty} J_n(M) \cos(2\pi F_o t + n2\pi ft) \qquad (11)$$

Durch Fourier-Transformation gewinnt man das Frequenzspektrum $S(f')$ dieses Signals:

$$S(f') = S_o \sum_{n=-\infty}^{\infty} J_n(M) \frac{1}{2}[\delta(f'-F_o-nf) + \delta(f'+F_o+nf)] \qquad (12)$$

Es stellt ein Linienspektrum dar, dessen Linien im Abstand nf symmetrisch zur Trägerfrequenz F_o liegen. Aus dem Verlauf der Besselfunktion folgt, daß die Gewichte der Spektrallinien für n>M schnell kleiner werden, so daß das unendlich breite Spektrum wesentliche Anteile nur innerhalb einer Breite f_Δ, der sogenannten CARSON-Bandbreite, besitzt. Ist f die Frequenz des Nachrichtensignals, dann gilt:

$$f_\Delta = 2(M+1)f \qquad (13)$$

Enthält das Nachrichtensignal mehrere Frequenzen, so wird die CARSON-Bandbreite durch die höchste Frequenz bestimmt.

6.5 Ergebnisse

Der in Abschnitt 6.2 beschriebene Stem-Jet-Generator überstreicht in Abhängigkeit von der Position des Kolbens im Resonatorraum einen Frequenzbereich von 25 bis 35 kHz. Bei einer Trägerfrequenz F_o = 30 kHz wurde ein maximaler Frequenzhub Δf_o von 5 kHz für sehr tiefe Nachrichtenfrequenzen f<10 Hz erreicht. Bei kleinem Frequenzhub ließ sich eine Frequenzmodulation noch bis zu einer Nachrichtenfrequenz von 3 kHz nachweisen. Im Frequenzbereich zwischen 100 Hz und 1000 Hz ließ sich ein Frequenzhub Δf_o von 2 kHz erreichen, so daß der Modulationsindex M bei einer Nachrichtenfrequenz von 1 kHz noch größer als 2 war.

Die Abbildungen Abb. 25-27 zeigen die gemessenen Frequenzspektren des mit den Nachrichtenfrequenzen f=100, 300, 1000 Hz frequenzmodulierten Pfeifensignals bei einer Trägerfrequenz F_o von 31 kHz. Diese Spektren wurden in folgendem Betriebszustand der Pfeife aufgenommen:

Wirkdruck	0,4 bar
Luftdurchsatz	32,0 l/min
Pneum. Leistung	21,0 Watt
Akust. Leistung	1,5 Watt
Wirkungsgrad	7,0 %

Die Spektren entsprechen in ihren Hüllkurven (CARSON-Bandbreite) und in ihrem Linienabstand den theoretischen Aussagen aus Abschnitt 6.4 und bestätigen die Funktion des Stem-Jet-Generators als leistungsstarker Sender kontrollierter frequenzmodulierter Signale.

7. Zusammenfassung

Die bekannten leistungsstarken Luftultraschallsender weisen nur eine geringe Bandbreite auf, so daß sie als Signalquelle für Aufgaben der Ortungs- und Meßtechnik in Luft und Gasen wenig geeignet sind.

Da Ultraschallpfeifen hohe Ausgangsleistungen bei gutem Wirkungsgrad liefern und in ihrem mechanischen Aufbau robust und störunanfällig sind, wird in der vorliegenden Arbeit die Möglichkeit untersucht, die Frequenz dieser Luftschallgeneratoren elektronisch zu steuern.

Im Rahmen von Versuchen zur direkten Frequenzsteuerung wurden die Möglichkeiten erprobt, die Pfeife mit druckluftseitiger Ultraschalleinstrahlung und mit Ultraschall-Modulation der Düsenweite zu betreiben. Beide Möglichkeiten zielen darauf ab, die periodischen Strömungsinstabilitäten zu beeinflussen und dadurch die Pfeifenfrequenz zu synchronisieren. Als Modulationselemente dienten elektrodynamische Lautsprecher und Piezokeramiken. Im Rahmen dieser Untersuchungen mußten neuartige Pfeifentypen gebaut und erprobt werden. Es zeigte sich, daß die erforderlichen Steuerleistungen so groß sind, daß derzeit eine praktische Anwendung der direkten Frequenzsteuerung nicht sinnvoll erscheint.

Untersuchungen zur Möglichkeit einer indirekten Frequenzsteuerung gingen davon aus, daß die Resonatortiefe der geometrische Parameter mit dem stärksten Einfluß auf die Frequenz ist. Die elektrische Steuerung der Resonatortiefe eines Stem-Jet-Generators mit Hilfe eines elektrodynamischen Schwingspulensystems erwies sich als gangbarer Weg zu einer Frequenzsteuerung dieses Pfeifentyps.

Für die Übertragung frequenzmodulierter Signale ist ein Frequenz- bzw. Phasenregelkreis erforderlich, der den stochastischen Charakter der Schwingungserzeugung in Pfeifen berücksichtigt. Als Lösung dieses Problems wird ein im wesentlichen digitaler Regelkreis dargestellt.

Eyperimente zur Erzeugung frequenzmodulierter Signale bei einer Trägerfrequenz von 30 kHz zeigen, daß sich Nachrichtenfrequenzen bis zu 1 kHz mit einem Modulationsindex größer als 2 übertragen lassen. Als Ergebnis der Untersuchungen steht ein Luftschallgenerator zur Verfügung, der die Abstrahlung frequenzmodulierter Signale mit hoher Leistung und gutem Wirkungsgrad ermöglicht.

8. Literatur

[1] MARZINIAK, R.: Untersuchungen über die Wirkungsweise und Anwendungsmöglichkeiten akustischer Trockenprozesse
Dissertation RWTH Aachen (1972)

[2] BOUCHER, R.; WEINER, A.: Foam control by acoustic and aerodynamic means
Brit. Chem. Eng. 12 (1963), 808

[3] BORISOV, Y.: Acoustic gas-jet generators
in: Sources of high intensity ultrasound, vol. 1, ed. by ROZENBERG, L., Plenum Press, New York (1969)

[4] BERGMANN, L.: Der Ultraschall
Hirzel Verlag, Stuttgart (1954)

[5] EDELMANN, M. Th.: Studien über die Erzeugung sehr hoher Töne vermittels der Galtonpfeife
Ann. Phys. 2 (1900), 469-482

[6] HARTMANN, J.: A new method for the generation of sound-waves
Phys. Rev. 20 (1932), 719-727

[7] TIETZE, U.; SCHENK, Ch.: Halbleiterschaltungstechnik
Springer-Verlag, Berlin (1978)

[8] GOSH, S.; FOSTER, C.: Phase / frequency-locked loops
EDN, vol. 25 Nr. 4 (1980) 141-147

[9] MEINKE, H.;   Taschenbuch der Hochfrequenz-
     GUNDLACH, F.W.:   technik
                        Springer-Verlag, Berlin (1962)

[10] LÜKE, H.D.:   Signalübertragung
                        Springer-Verlag, Berlin (1975)

9. Bildanhang

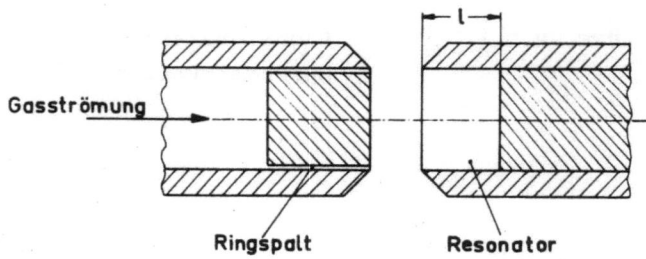

Abb. 1 Querschnitt durch eine GALTON-Pfeife

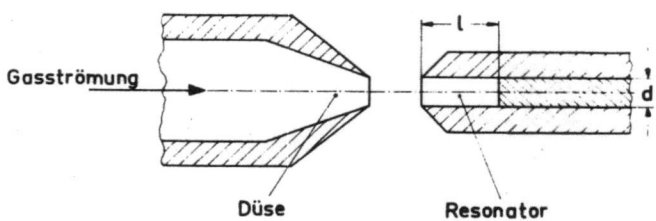

Abb. 2 Querschnitt durch einen HARTMANN-Generator

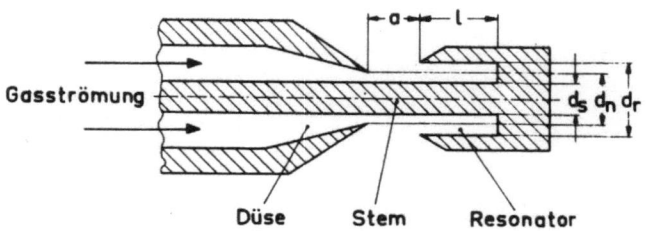

Abb. 3 Querschnitt durch einen STEM-JET-Generator

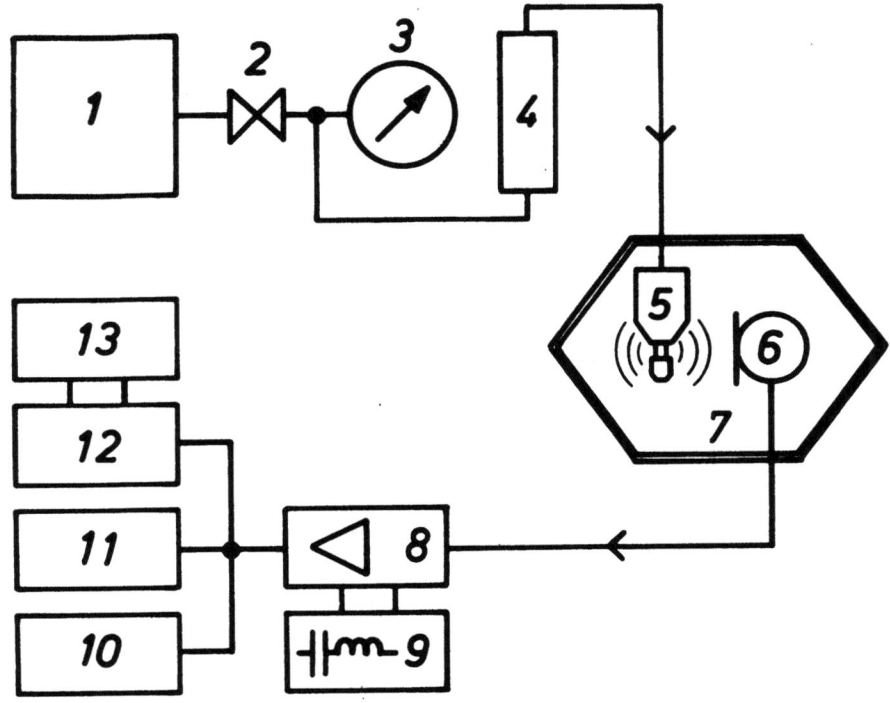

Abb. 4 Aufbau des Versuchs- und Meßstandes
für Ultraschallpfeifen

1 Druckbehälter
2 Druckregelventil
3 Manometer
4 Durchflußmesser
5 Ultraschallpfeife
6 Kondensatormikrofon
7 Schallabsorbierender Meßraum
8 Mikrofonverstärker mit Pegelmesser
9 Bandpaßfilter
10 Oszilloskop
11 Frequenzzähler
12 Spektrumanalysator
13 X - Y Schreiber

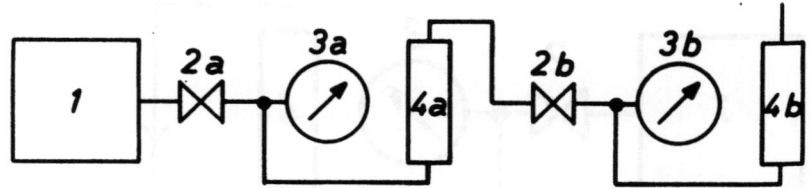

Abb. 5 Anordnung für die Kalibrierung von
        Durchflußmeßrohren bei verschiedenen
        Drucken

       1 Druckbehälter   2 Druckregelventil
       3 Manometer   4 Durchflußmesser

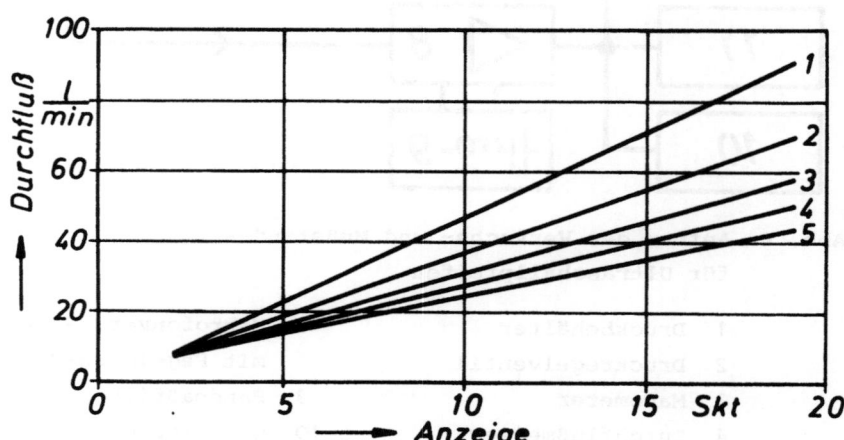

Abb. 6 Eichkurvenschar eines Durchflußmeß-
        rohres für den Druckbereich 1-5 bar

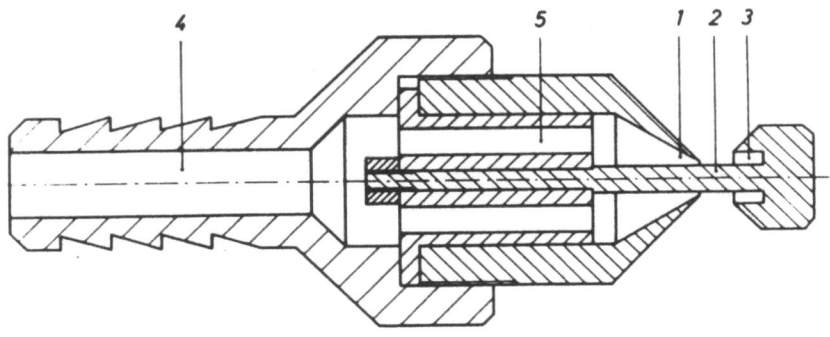

Abb. 7 Querschnitt durch den optimierten
        Stem-Jet-Generator

1 Düse
2 Stem
3 Resonator
4 Druckluftanschluß
5 Preßluftkanal

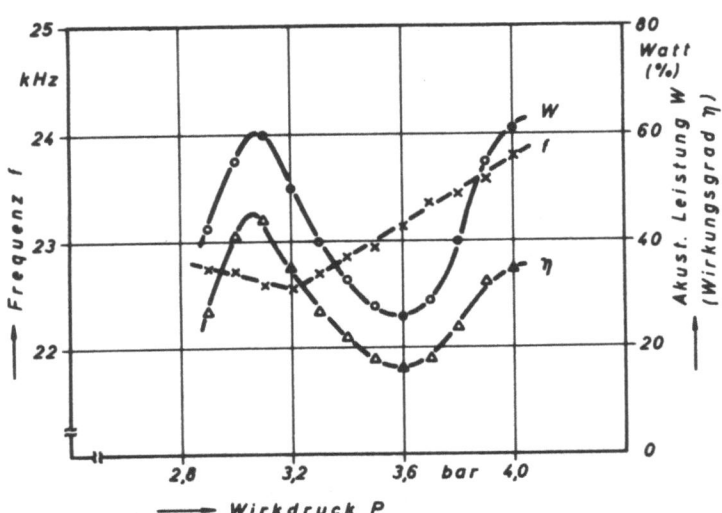

Abb. 8 Frequenz f, akustische Leistung W und
        Wirkungsgrad η als Funktion des Wirk-
        druckes P

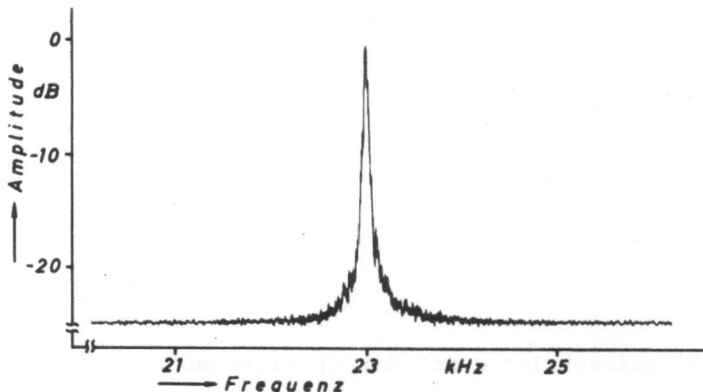

Abb. 9 Frequenzspektrum des Stem-Jet-
Generators bei einem Betriebsdruck von 3,1 bar

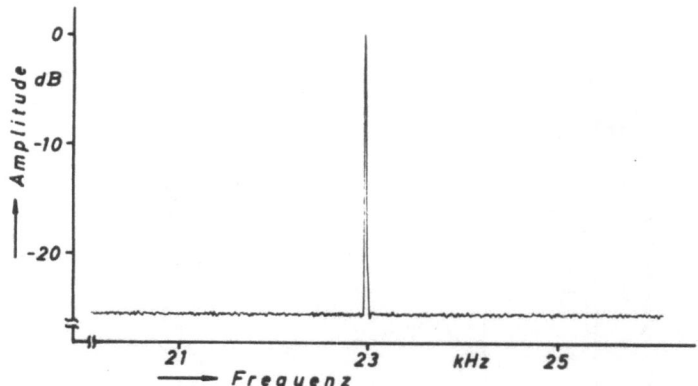

Abb. 10 Frequenzspektrum eines von einem
monofrequent betriebenen, elektrodynamischen Lautsprecher abgestrahlten Signals

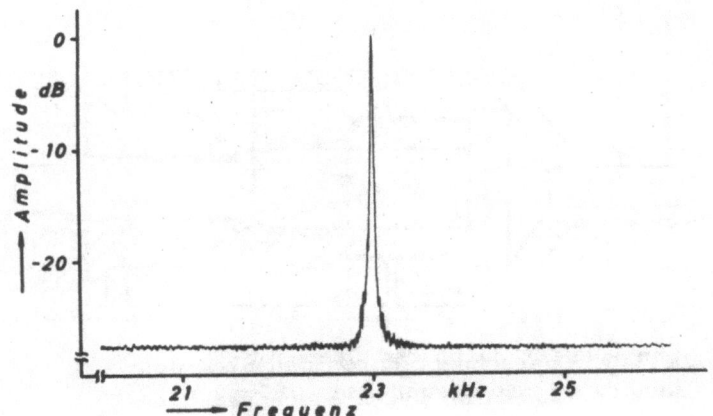

Abb. 11 Frequenzspektrum einer GALTON-Pfeife bei einem Betriebsdruck von 1,2 bar

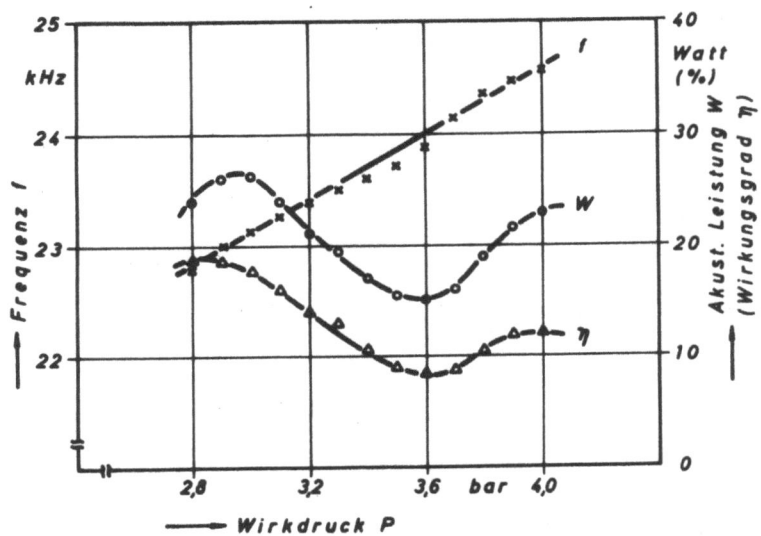

Abb. 12 Frequenz f, akustische Leistung W und Wirkungsgrad η als Funktion des Wirkdruckes P des modifizierten Stem-Jet-Generators

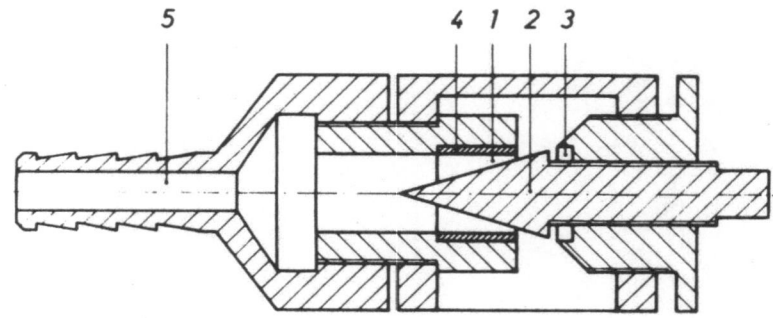

Abb. 13 Querschnitt durch den Stem-Jet-
Generator mit steuerbarer Öffnungsweite der Düse

1 Düse   4 Piezokeramik
2 Stem   5 Druckluftanschluß
3 Resonator

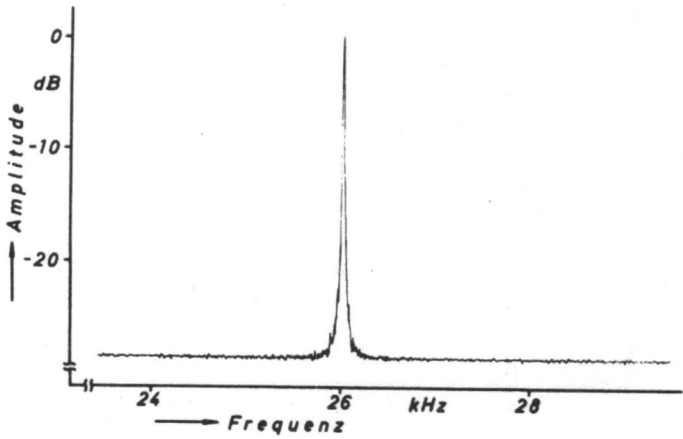

Abb. 14 Frequenzspektrum des Stem-Jet-
Generators mit steuerbarer Öff-
nungsweite der Düse bei einem
Wirkdruck von 2 bar

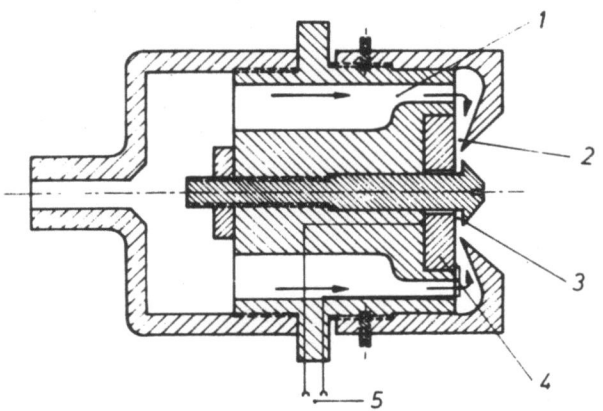

Abb. 15 Schnitt durch einen Radial-
Jet-Generator mit steuerbarer
Düsenweite

1	Gasströmung	4	Piezokeramik
2	Düse	5	elektr. Kontaktierung
3	Resonator		

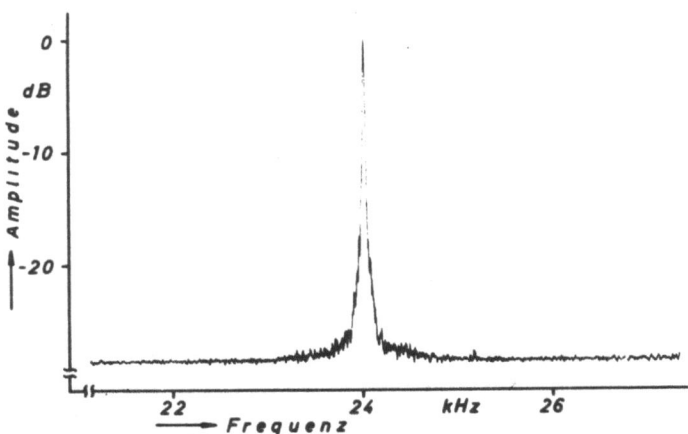

Abb. 16 Spektrum des Radial-Jet-Generators
bei einem Betriebsdruck von 1,9 bar

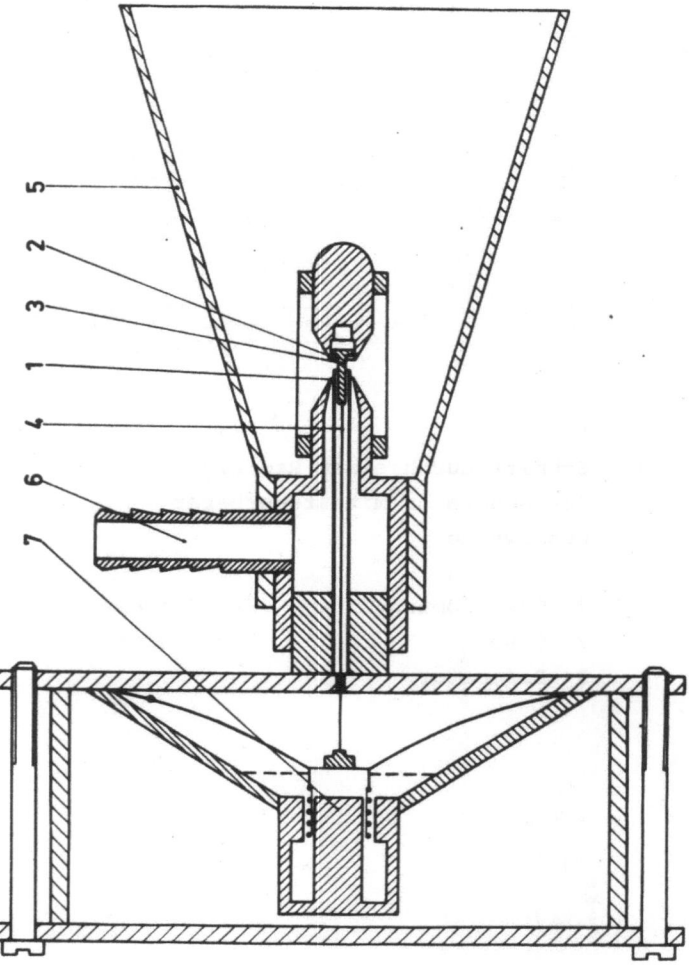

Abb. 17 Schnitt durch einen Stem-Jet-
Generator mit steuerbarer Resonatortiefe

    1 Düse   5 Schalltrichter
    2 Resonator   6 Druckluftanschluß
    3 Kolben   7 Elektrodynamischer
    4 Stange   Lautsprecher

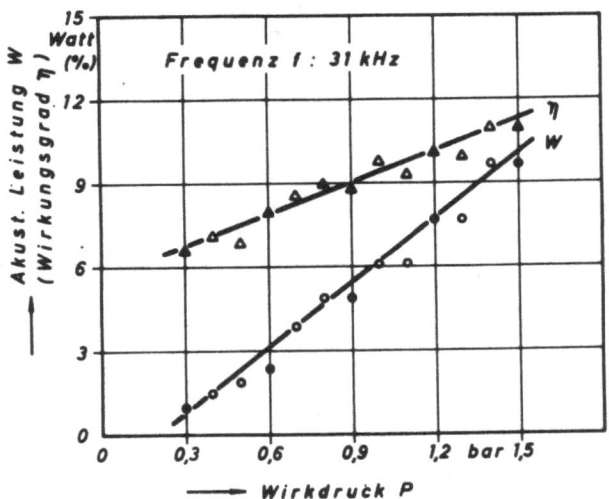

Abb. 18 Akustische Leistung W und Wirkungsgrad η als Funktion des Wirkdruckes P für einen Stem-Jet-Generator mit steuerbarer Resonatortiefe

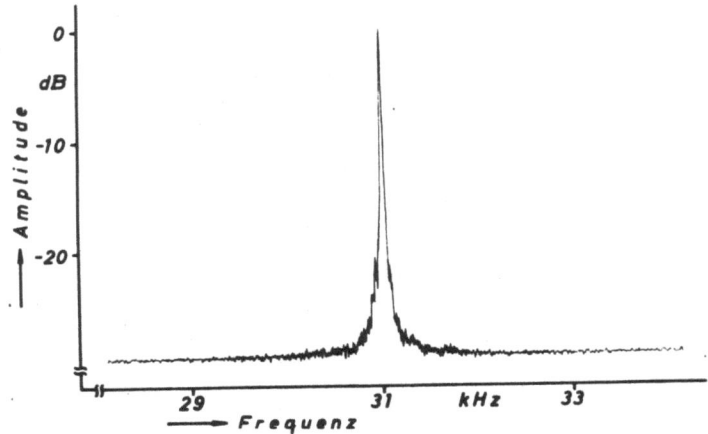

Abb. 19 Frequenzspektrum eines Stem-Jet-Generators mit steuerbarer Resonatortiefe bei einem Wirkdruck von 0,4 bar

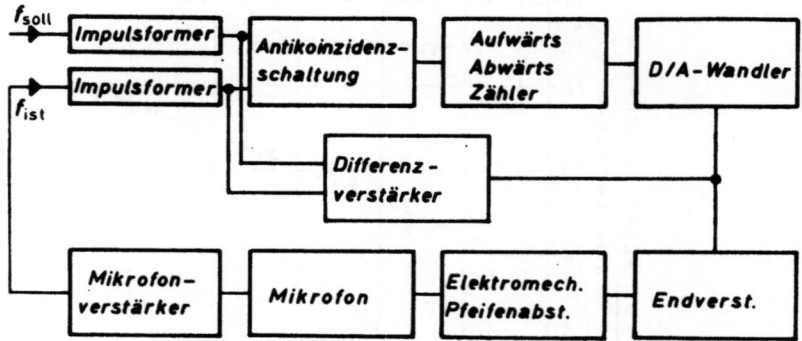

Abb. 20 Wirkschaltbild der elektronischen
Frequenzregelung von Ultraschallpfeifen

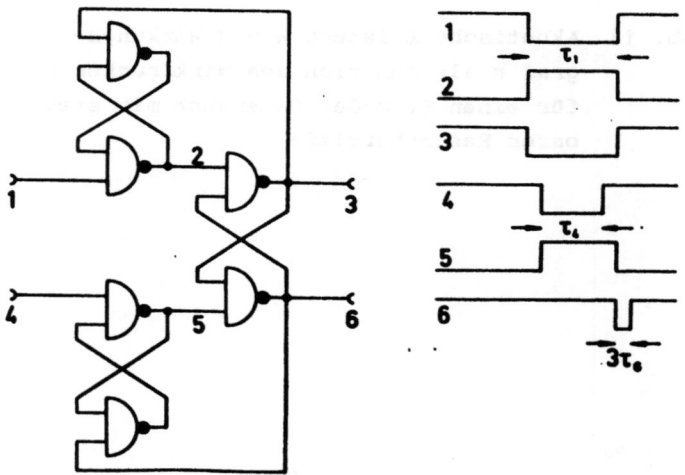

Abb. 21 Antikoinzidenzschaltung und Zeitdiagramm für den Fall einer vollständigen Koinzidenz

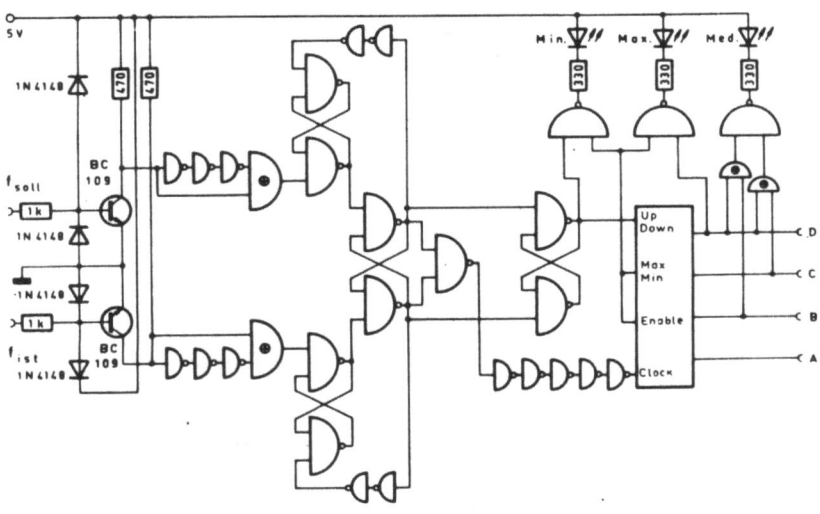

Abb. 22 Schaltplan des Logikteils der
Phasenregelschleife mit den Stufen
Impulsformung, Antikoinzidenzschal-
tung und Aufwärts-Abwärts-Zähler

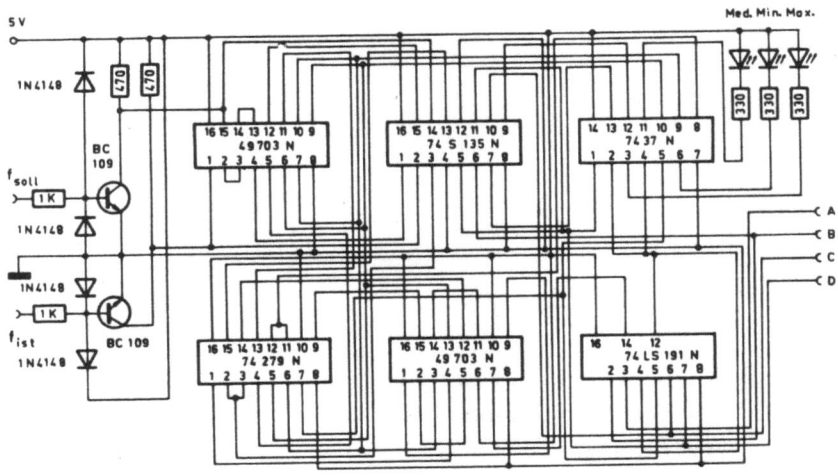

Abb. 23 Anschlußplan des Logikteils der
Phasenregelschleife

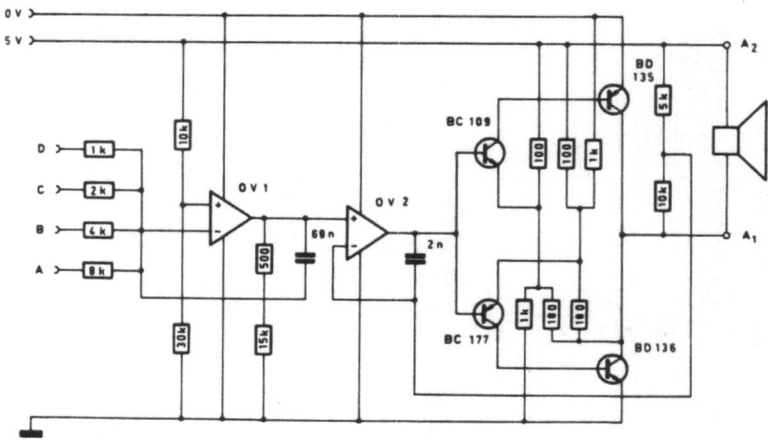

Abb. 24   Schaltplan des Analogteils der
         Phasenregelschleife mit den Stufen
         D/A-Wandler und Endverstärker

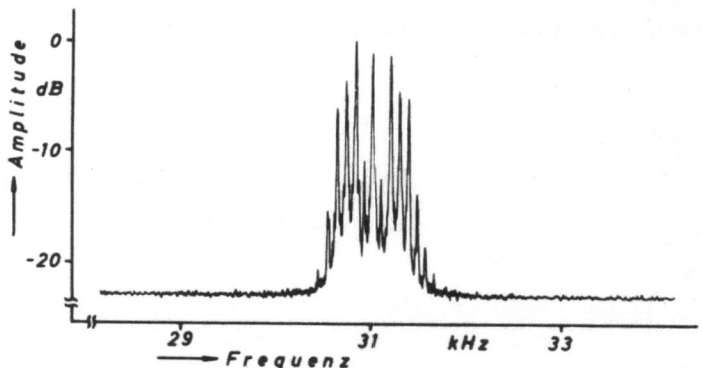

Abb. 25   Frequenzspektrum des mit
         f = 100 Hz frequenzmodulierten
         Pfeifensignals

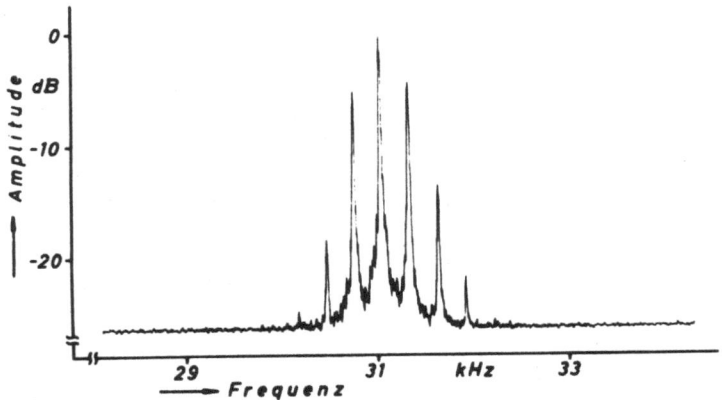

Abb. 26 Frequenzspektrum des mit f = 300 Hz
frequenzmodulierten Pfeifensignals

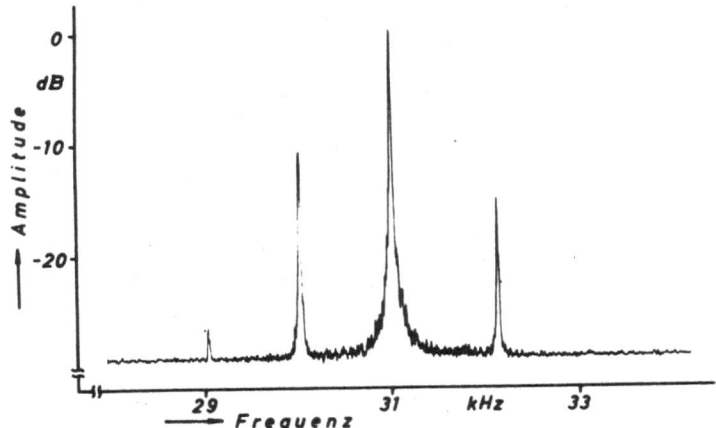

Abb. 27 Frequenzspektrum des mit f = 1 kHz
frequenzmodulierten Pfeifensignals

FORSCHUNGSBERICHTE
des Landes Nordrhein-Westfalen

*Herausgegeben
vom Minister für Wissenschaft und Forschung*

Die ,,Forschungsberichte des Landes Nordrhein-Westfalen" sind in
zwölf Fachgruppen gegliedert:

Geisteswissenschaften
Wirtschafts- und Sozialwissenschaften
Mathematik / Informatik
Physik / Chemie / Biologie
Medizin
Umwelt / Verkehr
Bau / Steine / Erden
Bergbau / Energie
Elektrotechnik / Optik
Maschinenbau / Verfahrenstechnik
Hüttenwesen / Werkstoffkunde
Textilforschung

WESTDEUTSCHER VERLAG
5090 Leverkusen 3 · Postfach 30 06 20

If you have any concerns about our products,
you can contact us on
ProductSafety@springernature.com

In case Publisher is established outside the EU,
the EU authorized representative is:
**Springer Nature Customer Service Center GmbH
Europaplatz 3, 69115 Heidelberg, Germany**

Printed by Libri Plureos GmbH
in Hamburg, Germany